FASHION
BRIDE
MAKEUP &
HAIRSTYLE

风尚新娘
化妆造型实用教程

（第2版）

小雨 MAKEUP 编著

人民邮电出版社

北 京

图书在版编目（CIP）数据

风尚新娘化妆造型实用教程 / 小雨MAKEUP编著. --
2版. -- 北京：人民邮电出版社，2017.10
ISBN 978-7-115-45348-8

Ⅰ. ①风… Ⅱ. ①小… Ⅲ. ①女性－化妆－造型设计
－教材 Ⅳ. ①TS974.1

中国版本图书馆CIP数据核字(2017)第229456号

内 容 提 要

本书是一本关于时尚新娘化妆与造型的实用教程，作者摆脱了一丝不乱的传统发型样式，将现代新娘造型打造得极其灵动。自然的妆面，松散的发髻，垂落的发丝，看似毛糙的小碎发，这些都是体现新娘造型生命力的元素。

本书化妆与造型部分的教程主要按风格分类，将不同的化妆造型手法与各种风格完美结合，用"加减法"来提升每个新娘与众不同的气质。同时每个案例结束后都附有同类风格的造型赏析，以帮助读者举一反三，融会贯通，从而能够打造出更多新的造型。另外，本书还展示了 5 种非常具有代表性的新娘发饰手工制作教程——羽毛、蕾丝贴花、绢花、网纱和水钻发带，让读者在感受美的同时能够设计出更多漂亮的发饰，让新娘造型更具个性与张力。希望通过阅读本书，读者能够打破常规，让普通新娘也可以像 T 台模特、时尚明星一样气质不凡，闪耀动人。

本书适用于影楼造型师和新娘化妆师，同时还可供相关培训机构的学员学习和使用。

◆ 编　著　小雨 MAKEUP
责任编辑　赵　迟
责任印制　陈　犇

◆ 人民邮电出版社出版发行　　北京市丰台区成寿寺路 11 号
邮编　100164　电子邮件　315@ptpress.com.cn
网址　http://www.ptpress.com.cn
北京盛通印刷股份有限公司印刷

◆ 开本：889×1194　1/16
印张：13.75
字数：596 千字　　　　　　　　　2017 年 10 月第 2 版
印数：33 501－36 000 册　　　　2017 年 10 月北京第 1 次印刷

定价：118.00 元
读者服务热线：(010)81055410　印装质量热线：(010)81055316
反盗版热线：(010)81055315
广告经营许可证：京东工商广登字 20170147 号

推荐

　　当得知小雨精心制作并准备这本书的内容时，我非常感动。在我眼中，小雨安静腼腆，好学努力，是一位非常优秀的化妆师。她不但拥有发现美的眼睛和心灵，还有一双巧手及一份坚定的信念。如今很多人在网络上发布自己的化妆造型作品，但像小雨这样坚持将自己的经验之作以图书的形式推广给业界人士是非常难得的。这本书既实用又值得收藏，是"集美"之作，值得推荐！

　　小雨是我比较关注的造型师之一，在作品中，她将实用性与艺术性完美结合。在化妆造型的形、色、韵当中，韵是最难把握的，而她恰恰把这一点发挥得极好。在她的作品中，从化妆造型到饰品的手工定制，再到造型的整体包装，多方面地诠释了她对美的理解。好东西需要分享，因此强烈推荐这本书！

李泽

　　小雨是"艾尔文视觉"最受欢迎的造型师之一。能够出版自己编著的造型书一直是小雨的理想，现在她终于实现了自己的理想，我们为她感到自豪。希望这本造型书能够得到大家的认可！

　　看到小雨的这本书，我不禁感慨，能将事业与爱好如此完美地结合，是多么让人梦寐以求又感到幸福的事。这是一次梦想照进现实的华丽冒险，我相信每一位翻开这本书的人都会惊叹于小雨如此倾囊相授的真诚心意，并且可以从中汲取珍贵的造型技法与灵感。

前言

现在我依然记得接到写书邀请那一刻的激动和喜悦。我在化妆领域摸爬滚打了7年，虽然离梦想中的成功还有一段距离，但也积累了不少经验，希望借由此次写书的机会与大家分享。我一直坚信，懂得分享的人才会收获更多。

虽然我一直从事新娘化妆造型工作，但在日常生活中关注得最多的却是时尚杂志和T台秀场。我喜欢将这些时尚灵感注入新娘造型中，让新娘更具明星气质和时尚感。在传统的新娘造型中，各类盘发依旧占据着主导地位。是否只有光洁干净的发型才是好发型呢？其实不然，在T台秀场、时尚杂志或者明星的红毯秀中，我们可以发现，发型越来越生动自然，发丝也越来越随意。松散的发髻，垂落的发丝，看似毛糙的小碎发，这些都是造型生命力的最好体现。即便是光滑干净的发型，也不是涂满了发胶的僵硬死板状态，而是具有空气感的，充满生机的。

除了发型，妆容也是如此。千篇一律的大眼睛、锥子脸、一字眉，除了容易让人审美疲劳外，也让新娘失去了自己本身的个性。每个人都有自己的特点和韵味，而化妆就是要用加减法来提升新娘与众不同的气质。例如，在底妆方面，要在遮瑕的同时做到薄、润、透、亮，让皮肤有毛孔的质感，并具有能够呼吸的感觉；在眼妆方面，应抛弃厚重浓密的假睫毛，并利用清爽自然的假睫毛产品及正确的粘贴手法来打造出深邃自然的眼妆效果；等等。这些时尚的化妆理念及手法，我都将在本书中与读者分享。

总而言之，我希望读者通过阅读本书能够将时尚的理念融入新娘造型中，并打破常规，让普通新娘也可以像T台模特、时尚明星一样气质不凡，闪耀动人。但不论打造何种风格，都必须符合新娘本身的特色，并扬长避短，让新娘散发其特有的时尚韵味。

2015年对我而言是幸运的一年：YUMAKEUP工作室成立，并出版了我的第一本造型书，与此同时，筹备了近一年的睫毛品牌YU EYELASH也即将问世。一路走来，得到了许多的帮助与鼓励。希望此书也能够帮助新娘造型的同业者。让我们共同努力，相信我们越努力就越幸运。

同时，我要感谢在本书筹备过程中帮助我的朋友们：摄影师欧晋、俊杰、子龙、苏白、礼文和佳富，后期师柳东、佳富、岳栩、雨洁、小明、张震，摄像师思宇和曾俊杰，化妆助理缪缪、梓玲、樱桃、燕子，文字编辑娴静。谢谢你们，是你们的帮助，才让我的第一本造型书得以出版，结识你们是我的幸运和财富。

书中涉及一些技术性和专业性的术语，如有纰漏，恳请读者朋友加以指正。

小雨MAKEUP

资源下载说明

本书附带"16款发型+4款妆容+5款饰品制作"视频教学文件，扫描"资源下载"二维码，关注我们的微信公众号，即可获得下载方式。资源下载过程中如有疑问，可通过在线客服或客服电话与我们联系。在学习的过程中，如果遇到问题，也欢迎您与我们交流，我们将竭诚为您服务。

客服邮箱：press@iread360.com

客服电话：028-69182687、028-69182657

资源下载

扫描二维码
下载本书配套资源

目录 *contents*

01

风格妆容篇

1

清新淡雅新娘妆

新娘妆浓妆艳抹的时代早已过去，在妆面上，越来越多的新娘更青睐于自然清
透且突显气质的妆容。淡妆相对于浓妆而言，看似更简单了，其实不然。实际
上，以更少的修饰将新娘变美并非易事。在妆容打造中，主要需扬长避短，先
了解和分析新娘本身的气质特点，再加以润色和强调，这才是新娘化妆中最为
重要的部分。

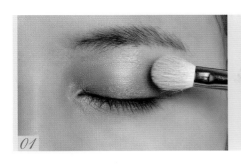

01 完成底妆后，用眼影刷蘸取浅米色微珠光眼影，并涂抹整个眼窝及眼周，起到提亮眼周并使深色眼影更显色的作用。

02 蘸取有一定光泽感的米褐色眼影，并以平涂的方式涂抹眼窝，范围不可超出提亮色，而且晕染要自然。

03 使用同样带有光泽感的米褐色眼影涂抹下眼影，由外眼角向内涂抹至上眼睑后2/3处，注意控制好上下范围。

04 将上眼睑稍微向上提拉，然后用眼线刷蘸取棕色眼线膏，并描画内眼线。眼线需画在睫毛根部，且晕染要自然。棕色眼线可让眼神更加柔和。

05 将睫毛梳顺，然后用睫毛夹反复夹取睫毛，以使其卷翘。夹睫毛时需仔细，并注意眼头及眼尾部分的睫毛也一定要夹取到位。

06 选择清透型的睫毛膏，并呈Z字形轻刷睫毛，使睫毛根根分明且定型即可。保持睫毛的自然度，不必大量涂抹睫毛膏。

07 使用螺旋刷沿眉毛的生长方向轻刷眉毛，在扫掉余粉的同时梳理眉毛，使眉形清晰，眉毛根根分明。

08 使用浅棕色眉笔先将眉底线的颜色稍微加深，然后沿着眉毛的生长方向对眉毛进行描画。描画时，需确保线条流畅，眉峰不宜过高，眉头要自然且不宜太深。

09 使用浅棕色染眉膏，沿着眉毛的生长方向以少量多次的方式染透眉毛，直至整条眉毛呈现均匀的浅棕色，眉色清透且眉毛根根分明。

10 使用睫毛钢梳将已干透的睫毛慢慢梳开，使其根根分明，并显得更加自然。

11 使用刷头较小的睫毛膏，以少量多次的方式轻刷下睫毛。如果睫毛粘在一起，可用睫毛钢梳梳理开，使其根根分明。

12 选择清透自然款的假睫毛，然后紧挨着睫毛根部进行粘贴，让真假睫毛自然衔接，避免分层。

13 使用眼线液笔将真假睫毛的空隙处填满，避免露白，然后沿外眼角描画眼线，使其自然地拉出。

14 选择清透自然款的下假睫毛，并将其剪成根状，然后以填补式粘贴在下睫毛的空隙处。

15 使用腮红刷蘸取蜜粉色腮红，然后轻刷颧骨最高点，并慢慢向四周晕染开，过渡需柔和自然。

16 保持唇部滋润，并将橘色口红均匀地涂抹于唇部，然后将透明唇蜜点染于唇峰及唇珠处，并稍微晕染。晕染后，确保唇色饱和，唇线边缘干净完整。

2
日系可爱新娘妆

翻看日系杂志时，我们不难发现，日系妆容的重点往往在于对腮红和唇部的处理。大面积晕染的团状腮红、饱满圆润的柔和唇部，像极了小姑娘的红脸蛋和肉嘴唇。打造新娘妆容时，可在延续这种妆容特点的同时，将其稍做改变，可让新娘拥有与众不同的日系可爱风。

01 完成底妆后，用眼影刷蘸取米白色微珠光眼影，并涂抹整个眼窝及眼周，起到提亮眼周并使深色眼影更显色的作用。

02 蘸取有一定光泽感的浅粉色眼影，并以平涂的方式涂抹眼窝，范围不可超出提亮色，而且晕染要自然。

03 选择较小的腮红刷，同样蘸取浅粉色眼影，并轻扫外眼角的下方，从眼尾处向上过渡至上眼影，向下过渡至腮红，过渡时需柔和自然。

04 将睫毛梳顺，然后用睫毛夹反复夹取睫毛，使其卷翘。夹睫毛时需仔细，并注意眼头及眼尾部分的睫毛也一定要夹取到位。

05 用清透型的睫毛膏，并呈Z字形轻刷睫毛，以使睫毛根根分明且定型即可。保持睫毛的自然度，不必大量涂抹睫毛膏。

06 用螺旋刷沿眉毛的生长方向轻刷眉毛，在扫掉余粉的同时梳理眉毛，使眉形清晰，眉毛根根分明。

07 用浅棕色染眉膏，沿着眉毛的生长方向以少量多次的方式染透眉毛，直至整条眉毛呈现均匀的浅棕色，眉色清透且眉毛根根分明。

08 用睫毛钢梳将已干透的睫毛慢慢梳开，使其根根分明。

09 选用浓密型或加黑型的睫毛膏，继续以少量多次的方式轻刷睫毛，使睫毛看起来更加丰盈自然。

10 用刷头较小的睫毛膏，以少量多次的方式轻刷下睫毛。如果睫毛粘在一起，可用睫毛钢梳梳理开，使其根根分明。

11 用腮红刷蘸取蜜粉色腮红，然后轻刷颧骨最高点，并慢慢向四周晕开，然后过渡至卧蚕处的下方。此时的卧蚕腮红不同于日系传统的团状腮红，它可以使新娘更显甜美可爱。

12 保持唇部滋润，并选用裸粉色口红均匀地涂抹唇部。注意唇色要饱满，唇线不必太刻意描画。

13 用指腹蘸取米粉色微珠光腮红，并轻轻地点拍在唇上。由中心向两边晕染开，使唇部更具光泽度而又不过分油亮，让唇部更加圆润饱满的同时，又不失自然柔和感。

3
甜美性感新娘妆

此款甜美性感新娘妆不同于以往大家印象中的甜美性感妆容，该妆容力求
甜而不腻，性感却不妖媚，以强调轻熟女的俏皮感为主。所以一改以往的
长且卷翘的睫毛、流畅上扬的眼线及油油亮亮的唇彩，将传统的甜美性感
转向性感内敛的化妆需求，将甜美藏于俏皮的小心机中。

01 完成底妆后，用眼影刷蘸取浅米色微珠光眼影，并涂抹整个眼窝及眼周，起到提亮眼周并使深色眼影更显色的作用。

02 蘸取同样的浅米色眼影，并涂抹于眼周的下方，其位置为卧蚕处。

03 用小号眼影刷蘸取棕橘色眼影，沿睫毛根部仔细描画，既为眼影又为眼线。明艳的色彩感使清透的眼妆有了亮点，同时也将新娘的俏皮甜美很好地展现出来。

04 将睫毛梳顺，然后用睫毛夹反复夹取睫毛，使其卷翘。夹取睫毛时需仔细，并注意眼头及眼尾部分的睫毛也一定要夹取到位。

05 用清透型的睫毛膏，并呈Z字形轻刷睫毛，使睫毛根根分明且定型即可。保持睫毛的自然度，不必大量涂抹睫毛膏。

06 使用浅棕色眉笔先将眉底线的颜色稍微加深，然后沿着眉毛的生长方向对眉毛进行描画。描画时，需确保线条流畅，眉峰不宜过高，眉头要自然且不宜太深。

07 使用浅棕色染眉膏，沿着眉毛的生长方向以少量多次的方式染透眉毛，直至整条眉毛呈现均匀的浅棕色，眉色清透且眉毛根根分明。

08 使用睫毛钢梳将已干透的睫毛慢慢梳开，使其根根分明并显得更加自然。

09 用浓密型的睫毛膏，继续以少量多次的方式轻刷睫毛，使睫毛看起来更加丰盈自然。

10 使用刷头较小的睫毛膏，以少量多次的方式轻刷下睫毛。如果睫毛粘在一起，可用睫毛钢梳梳理开，使其根根分明。

11 使用腮红刷蘸取蜜粉色腮红，然后轻刷颧骨的最高点，并慢慢向四周晕染开。晕染时，可适当靠近外眼角下方的位置，让新娘显得更加甜美。

12 使用唇刷蘸取橘红色口红，并涂抹于唇部，然后再蘸取适量淡粉色口红，沿唇线均匀地涂抹，唇线不必刻意描画。涂抹之后，可使新娘既有熟女的性感，又带有少女的甜美。

4 优雅婉约 新娘妆

优雅是伴随女人一生的气质，你可以不可爱、不清新或不甜美，但你不能不优雅。优雅是一种气质，更是内涵的体现，任何一位优雅的新娘都会成为婚礼现场最美的焦点。此款妆容也是婚礼中运用得最多的新娘妆容之一，可见掌握它的重要性。

01 完成底妆后，用眼影刷蘸取米色珠光眼影，并涂抹整个眼窝及眼周，起到提亮眼周并使深色眼影更显色的作用。

02 蘸取同样的米色珠光眼影，并涂抹于眼周下方，其位置为卧蚕处。

03 蘸取棕橘色眼影，以团状形式涂抹于眼窝处。涂抹时，确保眼影颜色自然柔和。

04 蘸取棕橘色眼影，由外眼角向内涂抹至内眼角处，注意晕染要自然。

05 使用小号眼影刷蘸取黑色眼线膏，并描画内眼线。注意眼线需画在睫毛根部，且均匀晕染，让眼神更加柔和。眼线不可过粗过硬，否则会显得眼妆太过刻意，且使眼神犀利，缺乏柔美感。

06 将睫毛梳顺，然后用睫毛夹反复夹取睫毛，使其卷翘。夹取时需仔细，注意眼头及眼尾部分的睫毛也一定要夹取到位。

07 使用局部睫毛夹将眼头及眼尾部分不易夹到的地方再次夹翘。

08 使用深棕色眉笔先将眉底线稍微加深，然后沿着眉毛的生长方向对眉毛进行描画。描画时，需确保线条流畅，眉峰不宜过高，眉头要自然且不宜太深。

09 使用深棕色染眉膏，沿着眉毛的生长方向以少量多次的方式染透眉毛，直至整条眉毛呈现均匀的深棕色，眉色清透且眉毛根根分明。

10 选择清透型的睫毛膏，并呈Z字形轻刷睫毛，使其根根分明且定型即可。保持睫毛的自然度，不必大量涂抹睫毛膏。

11 使用刷头较小的睫毛膏，以少量多次的方式轻刷下睫毛。如果睫毛粘在一起，可用睫毛钢梳梳理开，使其根根分明。

12 将假睫毛分段呈撮状剪开，然后并排紧挨着睫毛根部进行粘贴，使其卷翘弧度与下层的睫毛一致，避免分层。粘贴时，可将眼尾处适当拉长，以增加女人味。

13 选择清透自然款的下假睫毛，将其剪成簇状，然后以填补式粘贴在下睫毛的空隙处。

14 再次使用清透型的睫毛膏轻刷睫毛，梳理真假睫毛，使其自然融合且卷翘弧度一致，并确保真假睫毛不分层。

15 使用眼线液笔填补真假睫毛的空隙处，避免露白，然后沿外眼角描画眼线，并使其自然拉出而不刻意。

16 使用腮红刷蘸取蜜橘色腮红，然后轻刷颧骨的最高点。接着以纵向涂染法，慢慢向四周晕开，确保过渡自然柔和。

17 保持唇部滋润，选择橘红色丝绒质地的口红，并涂抹于唇部。涂抹时，确保唇色饱和，唇线边缘干净完整。涂抹后，在增添女人味的同时又不过分艳丽，突显出新娘的优雅婉约。

5
复古经典新娘妆

要打造好一个妆容，有时候运用减法比加法更重要。妆容中的重点越多，越容易使人显得成熟，同时妆容的风格特点也不易展现，所以在大多数风格的妆容中，一般不超过两个重点。而对于复古妆容来说，眉毛和唇部就是最突出的风格重点。适当弱化眼妆和腮红，对容易显得成熟老气的复古妆可以起到减龄和加分的作用。

01 完成底妆后，用眼影刷蘸取白色珠光眼影，并涂抹整个眼窝及眼周，起到提亮眼周并使深色眼影更显色的作用。

02 蘸取米褐色眼影，以团状形式将其涂抹于眼窝处。涂抹时，确保颜色自然柔和。

03 蘸取棕褐色眼影，以加深睫毛的根部及尾部，让眼影更立体，使眼神更深邃。

04 使用同样的棕褐色眼影将下眼影由外眼角向内涂抹至上眼睑后2/3处，注意控制好上下眼影的范围。

05 选择黑色眼线膏描画内眼线，注意在睫毛根部进行描画，且均匀地晕染；然后用睫毛夹反复夹取睫毛，使其卷翘。夹取时需仔细，注意眼头及眼尾部分的睫毛也一定要夹取到位。

06 选择黑色眉笔，按眉毛的生长方向描画眉毛，并保持眉毛的线条流畅，描画均匀。注意眉头要自然，不宜太深。

07 使用黑色眼线液描画外眼线。描画时，注意眼头处的眼线最细，靠近眼尾处较粗，中间自然过渡，眼尾处适当拉长，并微微上扬。确保眼线的线条自然流畅，且睫毛空隙处不留白。

08 选择自然款假睫毛，然后紧挨睫毛的根部进行粘贴，让真假睫毛卷翘弧度一致，避免分层。

09 选用清透型的睫毛膏，并呈Z字形轻刷睫毛，让真假睫毛自然融合，确保不分层。

10 使用刷头较小的睫毛膏，以少量多次的方式轻刷下睫毛。如果睫毛粘在一起，可用睫毛钢梳梳理开，使其根根分明。

11 使用腮红刷蘸取棕橘色腮红，然后轻刷颧骨的最高点，接着以纵向涂染法，慢慢地向四周晕开，确保过渡自然柔和。

12 保持唇部滋润，先用裸色亚光唇膏给唇部打底，使其在遮盖唇部本来颜色的同时，让口红更显色。

13 用唇刷蘸取红色口红，并描画唇线，确保唇线的线条清晰流畅。

14 选择复古红色丝绒质地的口红，并均匀地填补唇部，使唇色饱和自然，且唇周干净、不外溢。

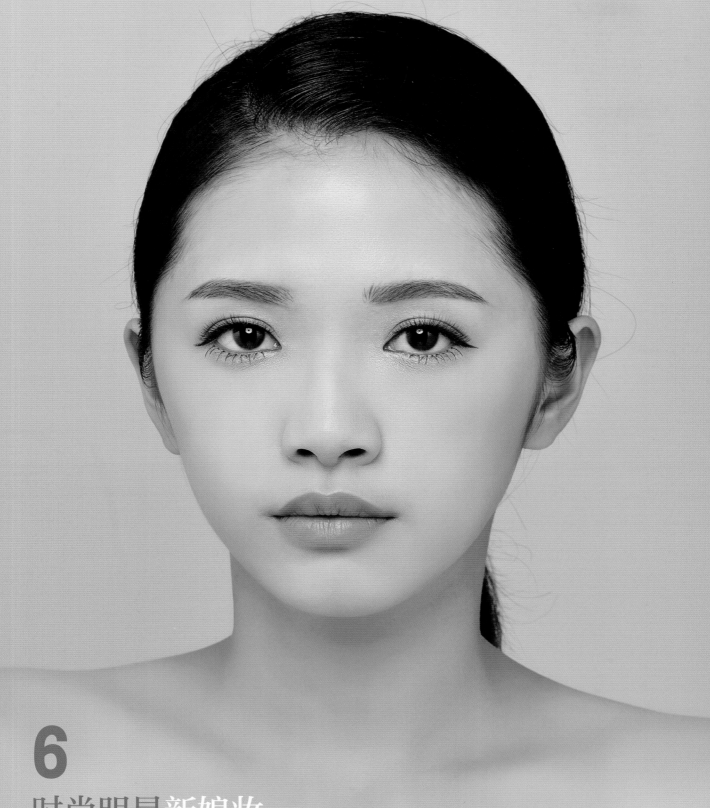

6
时尚明星新娘妆

如何打造明星般闪耀的新娘妆容？让我们仔细回顾一下红毯明星们的妆容特点：深色略粗的眉妆使双眼显得更加深邃；眼妆在着重于打造卷翘浓密睫毛的基础上，低调而充满时尚感；用雾面或丝绒质地的艳丽唇色作为妆容焦点。这类妆容绝对秒杀菲林，闪耀全场。

01 完成底妆后，用眼影刷蘸取白色珠光眼影，并涂抹整个眼窝及眼周，起到提亮眼周并使深色眼影更显色的作用。

02 蘸取米褐色眼影，以团状形式涂抹于眼窝处。涂抹时，确保颜色自然柔和，且过渡自然。

03 使用同样的米褐色眼影将下眼影由外眼角向内涂抹至上眼睑后2/3处，注意控制上下眼影的范围。

04 使用小号眼影笔蘸取黑色眼线膏，并描画内眼线。注意需描画在睫毛根部。描画时需均匀晕染，使眼神显得更加柔和。描画出的眼线不可过粗过硬，否则会显得眼妆太过刻意，使眼神犀利而缺乏柔美感。

05 将睫毛梳顺，然后用睫毛夹反复夹取睫毛，使其卷翘。夹取时需仔细，注意眼头及眼尾部分的睫毛也一定要夹取到位。

06 使用螺旋刷沿眉毛的生长方向轻刷眉毛，在扫掉余粉的同时梳理好眉毛，使眉形清晰。然后用棕色眉笔沿着眉毛的生长方向进行初步描画。

07 选择清透型睫毛膏，并呈Z字形轻刷睫毛，避免用量过多，使其保持自然且根根分明；选择较浓密款的假睫毛，并紧挨着睫毛根部进行粘贴，使其卷翘弧度与睫毛一致，且自然融合，避免分层。

08 待涂抹的睫毛膏干透后，用睫毛钢梳将睫毛慢慢梳理开，使睫毛更加自然卷翘。

09 使用刷头较小的睫毛膏，以少量多次的方式轻刷下睫毛。如果睫毛粘在一起，可用睫毛钢梳梳理开，使其根根分明。

10 选择清透自然款的下假睫毛，并将其剪成根状，然后粘贴在下睫毛的空隙处。

11 用黑色眉笔继续描画并填补眉毛。先将眉底线稍微加深。然后沿着眉毛的生长方向对眉毛进行仔细描画，确保其根根分明。注意眉峰不宜过高，且眉头的颜色要柔和自然。

12 用眼线液笔填补真假睫毛的空隙处，避免露白；然后继续沿外眼角描画眼线，使其自然拉出且不刻意。注意靠近眼尾的眼线可适当加粗。

13 选择滋润型裸色唇膏，并给唇部打底，使其在遮盖唇部本来颜色的同时，让口红更显色。

14 使用腮红刷蘸取棕橘色腮红，然后轻刷颧骨的最高点。接着以纵向涂染法，将腮红慢慢地向四周晕开，确保腮红柔和且过渡自然。

15 保持唇部滋润，用唇刷蘸取亮丽的橘色口红，并涂抹于唇部，以均匀填补唇色。涂抹后确保唇色饱和自然，唇周干净、不外溢，且唇线清晰。

02
风格造型篇

1 日系空气感编发

日系编发的重点是自然、蓬松,如在发丝中注入了空气一般,并强调发型随意、灵动的感觉。日系编发一直以精灵仙气为主调,再搭配不同发饰后就能传递出不一样的感觉,或灵气,或唯美。此种风格的发型较适合气质空灵、喜欢森系风格的新娘,同时也是户外婚礼和拍摄日系风格照的首选发型。日系编发最重要的手法就是烫发和编辫子,而不同程度的空气感编发则可使用不同大小的电卷棒来实现。

发型演示一

造型手法:①拧包;②编辫子;③卷筒;④抽松。

造型重点:①烫发时,需提拉发根,使发根更加蓬松;②编发时,辫子必须保持松紧有度,不可太紧;③造型完成后,需要以抽松的手法调整刘海区与后区发丝的状态及发型的饱满度。

01 用22号电卷棒以内扣的方式将头发烫卷。烫发时，需提拉发根，使发根更加蓬松。把头发分为刘海区与后区两个区。先将刘海区的头发随意固定，再取后区顶部的头发，进行倒梳。

02 将倒梳后的头发的表面梳理光滑，并拧成发包，然后固定在枕骨处（即发型中心点）。

03 将刘海区以3:7的比例分成左右两部分。将右边刘海区的头发使用三加一的手法编发。注意编发时辫子要保持松紧有度，不可太紧。

04 将辫子编至耳后时，需停止加发片，并继续以三股辫手法将其编完，然后用橡皮筋将其固定。

05 将编好的辫子向上翻转，并固定在后区顶部发包下方的枕骨处。将左边刘海区的头发以同样的方式处理。

06 在后区取枕骨下方的头发，然后使用卷筒的手法将其向上固定。卷筒时，需将发包底部与两侧辫子的发卡固定点包裹并覆盖。

07 抽松辫子，并调整辫子的形状与发丝的状态，以使其饱满而松散有度。

08 将后区剩余的头发随意分片，并将分出的发片编成三股辫，然后用橡皮筋将其固定。固定后，将辫子抽松，以营造出凌乱、随意的感觉。

09 将辫子向上翻转，并将其固定在发包的下方。

10 将剩余的头发做同样的处理，并分别固定在发包的下方。固定时需隐藏发卡，并适当调整发型，使整个发型饱满、蓬松。

11 取几朵鲜花，将其点缀于发型的右侧，会让新娘更显甜美、俏丽。

发型演示二

造型手法：①拧包；②编辫子；③抽松；④拧绳。

造型重点：①注意头发的分区，如果顶区或侧区的头发较少，可以将后区的头发适当分划到头发较少的区域，以保证完成发型后每个区域都能自然饱满；②编发时，需让辫子保持松散，不可太紧；③对刘海区的头发编发时，需适度向上提拉，这样才能保证向前推挤发辫时刘海能够蓬松立起；④注意头发区域与区域之间要自然衔接，不可出现断层或露白现象。

01 用22号电卷棒以内扣的方式将头发烫卷。然后将头发分为顶区、左侧区、右侧区和后区4个区域。

02 将后区的头发梳理光滑，然后向上拧包，并用发卡固定。接着将发尾圈成发包，并将其固定在顶区，作为发型的基点。

03 将右侧区的头发使用三加二的手法向后编发。注意编发时辫子要保持松紧有度，不可太紧。

04 将编好的辫子绕在之前做好的发型基点上，并用发卡将其固定。

05 将左侧区的头发以同样的方式处理。

06 使用抽松的手法调整发包的蓬松度与饱满度。

07 取顶区前半部分的头发，然后将其向上提拉，并进行三股辫编发。编发时，发辫要保持松紧有度。

08 将编好的发辫向前推挤，使刘海区的头发蓬松立起，然后用发卡将发辫固定。

09 取顶区后半部分的头发，并使用拧绳的手法将其进行两股拧绳处理。处理完成后，抽松发丝，然后将拧好的头发盘于顶区与下方头发的分界处，以连接顶区与侧区、后区，使整个造型饱满且衔接自然。

10 取洋桔梗花，并将其固定在右侧区与顶区的衔接处。

发型演示三

造型手法：①编辫子；②抽松。

造型重点：①辫子的松散程度决定了发型所要展现的气质与感觉，如果想要打造空气感的编发，则编辫子时务必保持发辫松散有度；②将侧区的发辫向中心点固定时，可适当做交叉处理，这样有利于发辫与发辫间的自然衔接；③将后区的头发向上盘起并固定时，不可固定得太紧太扁，需适当隆起，并确保它与上方的头发自然衔接后形成发包；④正面发际线周围的碎发需用发胶处理，以呈现出向上飞扬的感觉。

01 用19号电卷棒以内扣的方式将头发烫卷。

02 取顶区的头发，并使用三加二的手法将其编发。编发时，要保持辫子松散有度。

03 编至枕骨处后，将发辫用发卡固定在发型的中心点处。然后适当抽松发辫，使脑后的头发线条饱满。

04 取右侧区靠近顶区的发片，并使用三加一的手法将其沿顶区发包编发，然后将发辫固定在中心点处。

05 将右侧区前段剩余的头发沿上一条发辫也使用三加一的手法编发，然后同样将编好的发辫固定在中心点处。

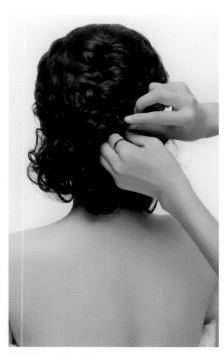

06 将左侧区的头发以同样的方式处理。

07 从后区剩余的头发中取出一束，并将其编成三股辫。

08 将编好的发辫向上并固定在中心点附近，并与上方的发包自然衔接。

09 将后区剩余的所有头发做同样的编发处理。注意将头发向上盘起并固定时需隐藏发卡。

10 用发蜡棒将发际线周围的碎发整理干净。

11 将小花零星地别在头部两侧，然后边抽发丝边喷发胶，调整发型的饱满度。

12 正面发际线周围的碎发需要用发胶喷起并固定，打造发丝如被风吹动而自然扬起的感觉。

2 清新田园编发

田园编发最重要的元素就是长长的发辫。麻花辫总能让我们想起田野上淳朴可爱的小姑娘，她们清新脱俗，带给我们阵阵甜意。若在发辫上搭配鲜花饰品，浓浓的田园气息便顿时扑鼻而来，使整个发型平添了几分活力与生机。田园编发较适合中长发，以及喜欢自然风格的新娘，此款发型让新娘更具清新甜美的味道。田园编发相对于传统的盘发来讲，更显新娘年轻稚气。

发型演示一

造型手法：①编辫子；②抽松。

造型重点：①编发时辫子必须松散有度，这样才能让发型更具层次感；②完成造型后，需要通过抽丝的手法调整顶部的发丝状态，以营造出自然凌乱，且发丝在风中飞舞的感觉，此时发胶不可喷得过多，否则会加重发丝的负担，使其容易塌陷。

01 用32号电卷棒以内扣的方式将头发烫卷。然后取顶区前半部分的头发，并使用三加二手法编发，并将编好的辫子固定于枕骨处。

02 取右边侧区的头发，并使用三加一手法编发，编至中心点处后，用发卡将其固定。将左边侧区的头发以同样的方式处理。

03 将编发后固定在中心点后剩余的头发编成三股辫。

04 将编好的三股辫以打圈的形式固定在中心点下方。

05 取左侧耳后的头发编成三股辫，然后将其固定在之前的发卷之下。

06 将右侧耳后的头发以同样的方式处理。固定时，保持发卷与发卷之间自然衔接。

07 取发卷下面中间的一束头发，并将其编成三股辫，同样以打圈的方式固定在发卷的中轴线上。

08 取右侧的一束头发，并编成三股辫，然后继续固定在发卷下方。将左侧的头发以同样的方式处理。

0.9 将剩下的所有头发编成三股辫。

10 将编好的辫子同样以打圈的形式固定在最下方，固定时需藏起发尾。

11 取洋桔梗花，并将其不规则地点缀于发辫上，然后将稍大朵的鲜花固定在右侧耳朵上方的发髻边缘。

12 将顶部的发丝抽松，并用发胶固定成型，以营造自然凌乱的感觉。

发型演示二

造型手法：①编辫子；②抽松。

造型重点：①注意顶区与两侧区的编发需自然衔接，避免露白；②两额角预留的发丝主要为了修饰脸形，但同时要给人随意的感觉，不可太卷或太粗，否则会显得刻意、老气；③编成的发辫在抽松时不可过于规律和平均，否则会失去田园随意的感觉。

01 用32号电卷棒以内扣的方式将头发烫卷。

02 取刘海区的头发，并使用拧绳手法将其进行两股拧绳处理，拧发至枕骨处后用发卡固定。

03 取右侧区的头发，将其编成三股辫并固定在中心点处。注意将鬓发留出一小缕，不宜过多，以很好地将新娘的温婉气质显现出来。

04 将左侧区的头发以同样的方式处理。

05 取后区右下方剩余的头发，使用四加二手法向左下方进行编发。

06 将剩余的所有头发编成一条辫子。编发时注意保持辫子松紧有度。

07 将编好的辫子适当抽松，使其保持松散自然、不刻板。

08 取白绿色小野菊数朵，并将其零星地点缀于发丝间，完成。

发型演示三

造型手法：①编辫子；②抽松；③拧包；④倒梳。

造型重点：①注意侧区的发辫与顶区发包之间的衔接要自然，不可露出头皮；②向上绕的两条发辫在固定时尽量不要露出发尾，可将其藏于发辫之中。

01 将头发用32号电卷棒烫卷，然后取顶区的头发，并均匀地倒梳。

02 将倒梳好的头发表面梳理光滑，然后拧成发包，并固定于枕骨处。

03 取右侧区的头发，并沿发包的边缘使用三加二手法编发。

04 编至中心点处用发卡将头发固定，并适当调整。

05 将左侧区的头发以同样的方式处理。

06 取后区右侧的一束头发，并编成四股辫。编完后，用橡皮筋将其固定并随意抽松。

07 将抽松后的发辫向上绕至头顶，然后固定在顶区。将左侧的头发以同样的方式处理。

08 将剩余的头发以8字卷的方式固定在后区下方，固定时需隐藏发卡，同时确保发层与发层之间自然衔接。

09 调整上下发包的饱满度，使其协调。

10 取红色小果子发饰，并点缀在发辫之间，完成。

3 甜美可爱盘发

年轻感是大多数新娘想追求的视觉效果，而甜美可爱的公主盘发不仅具有减龄的作用，还可让新娘显得更加楚楚动人。此类造型中，松散的发丝搭配发辫，再加上零星点缀的小花，或高高盘起的丸子发包，都可使新娘更显年轻，且甜美十足。

发型演示一

造型手法：①编辫子；②拧绳；③抽松。

造型重点：①打造造型时务必保证烫发蓬松，使造型具有空气感；②编发时，辫子需保持松紧有度，让发型更具层次感；③造型完成后，需要通过抽丝的手法调整发丝的状态，以营造出自然凌乱的感觉；④每股发辫之间需要用抽松的手法使其衔接自然、不露白。

01 用19号电卷棒以内扣的方式将头发烫卷，然后用手将头发撕开，保持发丝的蓬松度和凌乱感。

02 取顶区的头发，使用拧绳手法将其进行两股拧绳处理。拧绳时需保持发辫松紧有度，且拧成的发辫需饱满蓬松。

03 将拧好的发辫绾成发卷，并将其固定在顶区下方位置。

04 取左侧刘海区的头发，并使用三加一（或三加二）手法进行编发。

05 将编好的辫子抽松，并固定在发卷的下方。

06 继续取左侧区剩余的头发，并将其编成三股辫，编发时保持发辫松紧有度。

07 将编好的发辫随意抽松，无需均匀。

08 将抽松后的发辫围绕发卷，并固定在发卷的下方。

09 将右侧区的头发以同样的方式处理。

10 将后区剩余的头发分为左右两部分，然后将左边的头发编成四股辫。

11 将编好的辫子适当抽松，并向上围绕发卷固定，固定时注意隐藏发卡。

12 将右边的头发使用拧绳手法进行两股拧绳处理，并将拧好的头发适当抽松。抽松时可大胆些，蓬松随意的发丝会更显柔美感。

13 观察整体发型的饱满度，将剩余的辫子固定在不饱满的地方，同时隐藏好发卡。

14 最后调整整个发型，利用抽松的手法将凹陷或不对称的地方抽松，并喷以少量发胶将头发固定成型。同时对两鬓边的头发进行抽丝处理，以营造出自然飞扬的效果。

发型演示二

造型手法：①编辫子；②抽松。

造型重点：①打造造型时务必保证烫发蓬松，使造型具有空气感；②抽松发辫无须刻意，让头发保持不均匀的随意感会让发型更显灵动；③发辫的松散度决定了发型的饱满度，想要编出松软丰盈的发辫，除了编发时要保持松紧有度，后期的抽松处理也同样重要。

01 将刘海区的头发向后抓起并固定，无须光洁整齐，随意即可。同时将左侧区的头发使用三加二手法向后编发。

02 将编好的发辫抽松，并缩成发卷。

03 将缩好的发卷固定在脑后左下方，并做适当调整。调整时注意发辫的饱满度，从侧面看时，发辫需隆起并呈现完美的弧形。

04 将右侧区的头发继续使用三加二手法向后进行编发。

05 编发时注意需将发辫微微向上提拉，与颈部约呈45°角，这样编出的发辫会更加松散且不显紧实。

06 将编好的发辫适当抽松，使其呈不均匀且随意的状态。然后将抽松后的发辫缩成发卷，并固定在脑后右下方。

07 将后区中间剩余的头发编成四股辫，并适当抽松。

08 将编好的发辫绾成与左右两个发卷同样大小的发卷，并固定在左右两个发卷之间。

09 固定发卷时，需注意发卷与发卷之间自然衔接，而保持发卷足够饱满才能使其衔接更自然。

10 调整整个发型，将前额发际线周围的发丝进行抽丝，并喷以少量发胶固定成型，营造出自然飞扬的感觉。

发型演示三

造型手法：①扎马尾；②两股拧绳；③抽松。

造型重点：①扎马尾时需注意位置的高低，马尾的高度决定了发包的高度；②拧绳所取发片的发量不宜过少，否则发辫会显得太过琐碎、细小，而大的发片拧成的发辫则更显大气；③拧绳时做适当抽松处理，可使发包更加圆润饱满。

01 将头发烫卷后扎成一个干净光滑的马尾，并使马尾根部位于顶区。

02 在马尾中抽取发片，并进行两股拧绳处理，然后适当抽松发辫。

03 将处理好的发辫缩成卷状，并固定于扎马尾处。

04 从马尾中继续抽取发片，注意所取发片不宜太少，否则拧成的发辫会显得太细、太琐碎，不够大方。

05 将拧好的发辫适当抽松后缩成发卷，并围绕扎马尾处进行固定。固定时可将发卷做适当叠加处理，使发包更加饱满立体。

06 继续将马尾中的头发进行两股拧绳处理，直至将所有头发处理完。

07 固定发卷时，需注意观察发包的饱满度，并及时调整。

08 在发丝间点缀粉色的绣球花瓣，使新娘显得更加甜美可人。

4 浪漫优雅编发

女人优雅的时候最美丽。编发显浪漫，盘发显优雅，如果将二者结合，则既显多情又显浪漫，更能体现新娘高雅清丽的独特气质。额前散落的发丝宛如玫瑰般浪漫动人，透露出新娘别致、柔美的情怀，极显别致与优雅。此种发型特别适合气质型新娘，头饰多搭配绢花、鲜花，以增强浪漫气息。

发型演示一

造型手法：①倒梳；②打卷；③抽松。

造型重点：①注意两侧区与顶区发包的自然衔接，枕骨处的发卷高度需与发包相互协调，不可过高或过矮；②发型基本完成后需要通过抽松手法使发丝更加灵动，以营造蓬松自然的感觉，而过于光滑的发片会让造型失去浪漫的味道，且显得老气。

01 用32号电卷棒将头发以竖向方式烫卷，然后将其梳顺，并涂抹适量柔亮胶使头发顺滑、有光泽。

02 取顶区的头发，并将其内部稍微倒梳，略微蓬松即可。然后将头发拢在手中，并拧成发包，固定于枕骨上方。

03 将拧包后的发尾进行打卷处理，然后固定于发包下方。

04 将侧区头发向后围绕枕骨中心处分片进行打卷处理，并用发卡固定。

05 注意两侧区的发卷与顶区发包需自然衔接，枕骨处的发卷的高度需与发包相互协调，不可过高或过矮。

06 将耳后的头发分片，并继续向后进行打卷处理并固定。

07 将后区剩余的发尾继续打卷，使发型更加饱满。

08 直至没有发片可以打卷处理，让剩余的发尾自然垂落。

09 边喷干胶边抽松发丝，调整发型的饱满度和发丝的状态。

10 检查整个发型，并做出适当调整，使发型蓬松且具线条感，发片与发片之间要衔接自然。

11 取小花随意点缀于发丝间和侧发区，以增加造型的浪漫气息。

12 将额角的发丝稍微烫卷，并使其自然垂落，让新娘显得更加温婉动人。

发型演示二

造型手法：①编辫子；②抽松。

造型重点：编辫子时注意取发要均匀，发辫要保持松紧有度，如果辫子
太紧则不够松散浪漫，辫子太松则易乱而不成型。

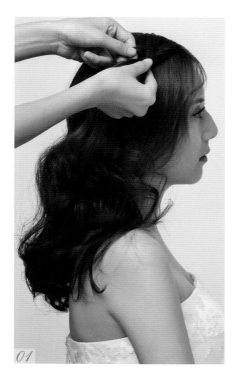

01 将头发用32号电卷棒烫卷，并将其梳顺，然后涂抹适量柔亮胶，使头发顺滑、有光泽。

02 将刘海区三七分，然后先将右侧刘海区头发使用三加二手法编发。

03 将发辫沿发际线编至耳后，编发时注意取发要均匀，保持发辫松紧有度。

04 将头发编至脑后处，然后使用三加一手法继续编发。

05 将右半侧的头发编至发梢后，用橡皮筋将其固定。

06' 将编好的发辫均匀地抽松，让其蓬松饱满，使发丝更有线条感。

07 将左半侧的头发以同样的方式处理。

08 将左右两条发辫并排固定后，用发卡或U形卡固定中间的头发，以避免出现缝隙。

09 取适量洋桔梗和小白花，大小搭配地点缀于长垂的发辫和发丝之间。

10 顶区饰以同系列的花朵，优雅的长垂发，加上浪漫的白色花朵，完美地诠释着新娘温婉优雅的气质。

发型演示三

造型手法：①拧绳；②抽松。

造型重点：①两股拧绳时，所取的发片的发量不宜过少，否则拧成的发辫过细而显得不够大气，同时也容易让头发显得毛糙凌乱；②两侧区发辫与发辫之间要衔接自然，避免留白，如果有露白处，可使用U形卡来调整固定；③发辫环绕的过程中，要时刻观察发包的饱满度，并适当调整发包的大小及发辫固定的位置。

01 将头发用25号电卷棒烫卷，然后取假发卷固定于顶区，作为发型的基点。

02 取发片，并将其围绕在假发卷上。先取假发卷右下方的发片，使用拧绳手法将其进行两股拧绳处理，拧绳前注意取发的发量要适中，不可太少。

03 将拧好的辫子抽松，并环绕在假发卷上，然后用发卡固定。

04 接着取发卷左下方的发片，同样进行拧绳处理。

05 将拧好的辫子抽松，使发辫蓬松且有线条感。

06 将抽松后的发辫同样环绕在假发卷上，并用发卡固定。

07 然后取假发卷右上方的发片，将其拧绳后抽松，然后环绕固定于假发卷上。将左上方的头发以同样的方式处理。

08 继续围绕假发卷周围取发片，并将其拧绳后抽松，然后环绕固定于假发卷上。将左侧以同样的方式处理。

09 继续将右侧区拧好的辫子抽松后进行固定。固定时注意观察发包的饱满度，然后用发包周围编好的辫子填补空缺处。

10 将左侧区的头发以同样的方式处理。处理完成后，发包已基本成型，注意发包左右两边需对称。

11 将后区剩余的头发继续分片，将其拧绳后抽松，然后固定于发包上。

12 直至将所有头发拧绳并固定成型，固定时注意隐藏发卡。

13 一边喷发胶固定发丝，一边抽松调整发包的饱满度，使发包从每个角度看上去都圆润饱满。

14 取橘粉色的康乃馨数朵，并别在发型的右侧，为优雅的盘发增添几分浪漫色彩。

5 动感随意盘发

动感随意盘发，顾名思义，发丝动感张扬，造型随意简约，这样的新娘造型更具时尚气息。回顾众多明星的婚礼造型，多半选择这样的形式，简约而不简单。此款造型看似简单，却极其考验手法，而倒梳和抽松是这组造型最重要的手法。时尚简约的造型，不论搭配白纱还是礼服都是不二之选。

发型演示一

造型手法：①倒梳；②拧绳；③抽松。

造型重点：①注意发型基点需位于后区中上方，不可过高或过低；②注意分区的重要性，特别注意要准确地分出顶区和侧区，这样才能使倒梳后的顶区和侧区头发自然衔接；③倒梳时需充分均匀，最好层层分片进行倒梳；④包发包时要注意调整发包形状，使其左右两边对称，发包的大小比例为头部的1/2。

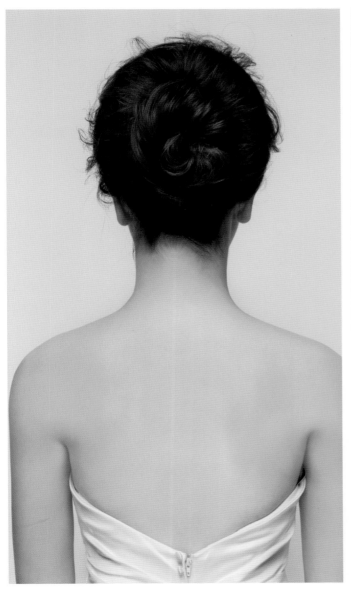

01 将头发用32号电卷棒烫卷后梳顺，然后涂抹适量柔亮胶，让头发顺滑、有光泽。接着将头发分为刘海区、顶区、左侧区、右侧区和后区5个区。

02 取顶区中心点的头发，并将其充分均匀地倒梳。

03 将倒梳后的头发握于手中，然后向内做打卷处理，并用发卡将其固定，作为发型的基点。

04 将顶区前面的头发横向分发片，并层层均匀地倒梳。然后将头发的表面梳理光滑，并均匀地覆盖在基点上，同时将覆盖后的头发拧包并固定。接着将左侧区的头发竖向分发片并倒梳。

05 把倒梳的头发握于手中，然后将其表面梳理光滑后拧包并固定在基点的底部。将右侧区的头发以同样的方式处理。

06 打造发包完成后，边喷发胶边抽松发丝，以调整发包的饱满度。

07 将刘海区的发片梳顺，然后沿侧区向后，并固定于发包下方。

08 将拧包后的发尾进行两股拧绳处理，并将其适当抽松。

09 将抽松的发辫打卷，并固定在发包底部，以遮掩发包后的固定点。

10 将后区的头发同样进行两股拧绳处理，并适当抽松发丝。

11 将拧好后的辫子再次打卷，并固定在发包下方，同时注意隐藏发卡。

12 抽松并调整发丝，使整个发型饱满圆润，完成。

发型演示二

造型手法：①倒梳；②打卷；③抽松。

造型重点：①注意发型基点位于脑后位置，不可过高或过低；②注意分区的重要性，特别注意要准确地分出顶区和侧区，这样才能使倒梳后的顶区和侧区头发自然衔接；③倒梳时需充分均匀，最好层层分片进行倒梳；④包发包时要注意调整发包形状，使其左右两边对称，发包的大小比例为头部的1/2；⑤在后区打卷时，注意发卷与发卷之间需自然衔接，同时注意调整发卷饱满度及发卷外边缘的弧度。

01 将头发用32号电卷棒烫卷后梳顺，然后涂抹适量柔亮胶，让头发顺滑、有光泽。取顶区的头发，将其横向分片，并均匀地倒梳。

02 取倒梳后靠近头顶的头发，向内打卷处理后，将其用发卡固定，作为发型的基点。

03 将顶区倒梳后的头发的表面梳理光滑，将其拧包并覆盖住发型基点，然后用发卡将其固定。

04 将侧区的头发竖向分发片，然后层层均匀地倒梳。

05 将倒梳的头发握于手中，并将其表面梳理光滑，然后同样做拧包处理并覆盖基点后将其固定。

06 将发包底部剩余的头发梳顺。取一缕发片稍微倒梳，然后将其表面梳理光滑。

07 将倒梳处理后的发片打卷，并固定在发包底部。

08 将后区所有的头发分发片后以同样的方式处理，直至将所有头发都处理完。

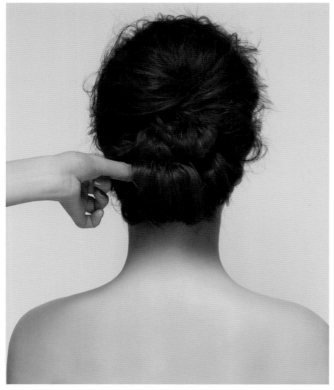

09 固定发卷时，需注意发卷与发卷之间要自然衔接，同时调整发卷的饱满度及发卷外边缘的弧度。

10 取精致发带，并固定在发包的前端，以区分刘海区和发包，并适当抽松发丝，调整发型的饱满度，让发型呈现自然的松散感。

发型演示三

造型手法：①倒梳；②编辫子；③抽松。

造型重点：①倒梳时需要均匀，最好层层分片倒梳；②拧包时要注意调整发包大小及高度，确保左右对称；③适当抽松发丝，可以让发型更加灵动柔美。

01 将头发用32号电卷棒烫卷后梳顺，然后涂抹适量柔亮胶，让头发顺滑、有光泽。接着取顶区的头发，将其横向分片，并均匀地倒梳。

02 将顶区倒梳后的头发的表面梳理光滑，然后将其拧包处理后固定在枕骨处，形成发包。接着将发包表面的头发做适当抽丝处理，让其更显随意、灵动。

03 将右侧区的刘海与顶区右侧剩余的头发使用三加一手法编发。

04 将编好的辫子适当抽松。

05 将抽松后的辫子沿发包底部围绕，并使其与发包自然衔接，然后固定在枕骨处。

06 将左侧的头发以同样的方式处理。

07 将辫子固定后，将其余下部分的头发继续编发并抽松。

08 将抽松后的头发以8字卷的形式打卷，并固定在枕骨处，形成一个松散的小花苞。

09 从后区剩余的头发的表面处抽出几缕头发，并重新烫卷。这样可以让松散的披发更具线条感和层次感，且饱满、不凌乱。

10 边调整发丝边喷干胶定型，让披发更显丰盈、飘逸。

6 时尚大气盘发

时尚大气盘发主要需展现松散浪漫和光滑大气的状态。前几节我们重点学习了松散造型的处理，这一节的时尚大气盘发更加考验大家的操作手法。卷筒是新娘造型中运用得较为普遍的一种手法，而这组时尚大气盘发将卷筒手法发挥到了极致。各种大小不一的卷筒通过排列、叠放、交叉、组合等方式打造出错落有致、层次丰富且圆润饱满的发髻，着实需要扎实的基本功和娴熟的技法。

发型演示一

造型手法：卷筒，包括单卷、连环卷和卷上卷。

造型重点：①发型的表面必须光滑平整，不能过于毛糙，发际线周围的碎发也应当用发蜡整理干净；②设计卷筒的时候，卷筒间的衔接需自然，卷筒要饱满，且卷筒与卷筒之间要具有层次感；③合理利用连环卷和卷上卷的卷筒手法，让发髻更富立体感和层次感。

01 将头发用28号电卷棒烫卷后梳顺，并将头发分为刘海区、左侧区、右侧区和后区4个区。然后将后区头发扎成低马尾，并用橡皮筋扎紧固定。接着将刘海区二八分，然后把刘海区和右侧区的头发梳理光滑，向后上方进行翻卷处理并固定。

02 利用翻卷后剩余的发尾再次打卷并固定，打卷后的头发需与第一个发卷自然衔接。

03 将左侧的头发梳理光滑，并向马尾方向固定，固定时隐藏发卡。

04 取马尾上的一缕头发，并将其连同左侧区的剩余头发围绕马尾扎结处进行缠绕并固定。

05 取马尾上的发片，并向右侧进行打卷处理，然后将其紧挨着之前的发卷进行固定。

06 将打卷后余下的发尾以连环卷的方式继续打卷，打卷方向朝下，以让发型的下部更显圆润。

07 继续在马尾上抽取发片，并围绕马尾扎结处以单卷或连环卷的形式进行打卷，以打造发髻。打卷时，若发片的表面毛糙，可抹一些发蜡使其光滑。

08 设计和固定卷筒时，要注意观察发髻的饱满度和大小比例，以便及时利用余下的发卷进行调整和弥补。

09 适时调整发髻的形状，固定发卷时需同时隐藏发卡。

10 观察发型的整体形状，并调整细节，利用发蜡将发际线周围的碎发都整理干净，最后喷上发胶定型。

发型演示二

造型手法：卷筒，包括单卷、连环卷和卷上卷。

造型重点：①用小号的电卷棒将马尾分片烫卷，更紧实的卷度可让之后的打卷操作事半功倍；②合理利用连环卷和卷上卷的卷筒手法，可让发髻更富立体感和层次感。

01 将头发用28号电卷棒烫卷，然后将其梳顺后分出刘海区，并将剩余的头发用橡皮筋扎成马尾，马尾根部位于枕骨处。

02 用19号电卷棒将马尾分片烫卷，然后利用发片的卷度打造出更精致的发包。

03 从烫好后的马尾中分出一片发片，利用其卷度做成卷筒样式，并以马尾扎结处为中心固定。

04 继续分取发片，以连环卷或卷上卷形式进行打卷处理。处理时根据发包的饱满度进行叠加、排列等形式固定。

05 继续取发片，以打造发髻。若发片的表面显毛糙，可抹一些发蜡使其光滑。

06 进行发卷处理时，要随时注意保持发髻边缘呈一个圆弧状。

07 除了要注意发包边缘的弧度，也要注意从侧面观察整个发髻的饱满度，同时利用卷上卷操作对发髻进行调整，避免过于扁平。

08 固定以卷上卷手法打卷的头发时，注意选好发卡固定的位置，以保证发卷的牢固性，同时隐藏发卡。

09 将马尾处理之后，将刘海区的头发向后做同样打卷处理。打卷时确保刘海区的蓬松度，不可将刘海区的头发拉得太紧、太伏贴。

10 将打卷好的头发固定在发包周围，并与发包自然衔接，同时隐藏发卡。

11 将处理之后的发卷进行统一调整，使发型从每个角度看上去均呈现圆润饱满的状态，最后喷上发胶定型。

发型演示三

造型手法：①卷筒，包括单卷和连环卷；②倒梳；③拧包。

造型重点：①打造卷筒造型时，需注意卷筒之间的衔接和造型的饱满度，以及卷筒纵横交错形成的立体感；②利用向上翻卷的马尾打造发包。

01 将头发用28号电卷棒烫卷并梳顺，然后将头发分为前发区与后区两个区，同时将前发区三七分。接着将后区的头发用橡皮筋扎成马尾，马尾根部位于后区中部。

02 将前发区左侧的头发向后梳理，进行打卷并固定。然后再将发尾以连环卷的手法处理，并再次固定。

03 将前发区右侧的头发竖向分为3片，然后先将最上面第一片头发向右打卷，将发尾藏于卷筒内并固定。

04 将第二片头发以同样的方式处理。处理完成后需确保其与第一个发卷自然衔接。

05 将第三片头发反向往上进行打卷，打卷完成后将其固定在第二个发卷的后部。

06 将第三片头发打卷后余下的发尾以连环卷手法进行处理。处理完成后确保其与之前的发卷自然衔接。

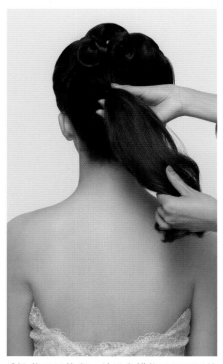

07 将马尾梳顺，并用发蜡将马尾周围的碎发整理干净，让其干净、不毛糙。

08 将马尾向上翻起并固定，使其呈现出图中的半弧形。

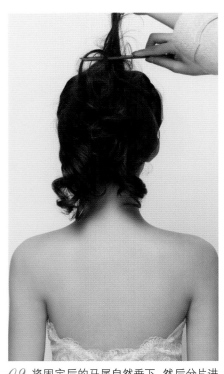

09 将固定后的马尾自然垂下，然后分片进行倒梳，倒梳时确保头发均匀、蓬松。

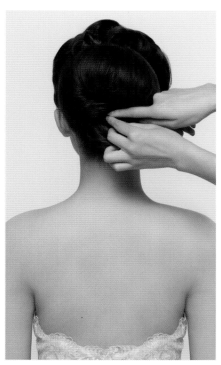

10 将倒梳后的马尾握于手中，并将其表面梳理干净，然后向下拧包并固定。

11 将拧包后的发尾向上打卷并固定，固定时可适当遮掩发包底部的固定点，并隐藏发卡。

12 用发蜡将发际线边缘的头发整理干净，最后喷发胶定型。

7 法式经典发髻

法国，是最具浪漫风情的国家。提及法国，总会让人想起高贵的赫本发型、优雅的礼帽造型等。法式发髻造型是最适合新娘的发型，其优雅经典的味道能够完美地诠释新娘本身的气质。法式发髻是将秀发由里到外一层层包裹起来，然后在脑后绾成发髻。它不仅能够很好地展现出秀发平滑柔软的质地，而且还能够突显新娘高贵典雅的气质。

发型演示一

造型手法：卷筒，包括连环卷和卷上卷。

造型重点：①马尾的根部位于后区偏上处；②打卷时如果新娘发量偏少，可通过将每片发片倒梳来增加发量，然后再打卷并固定；③固定每个发卷时需注意隐藏发卡；④固定发卷时要注意观察发包的弧度和饱满度，使其无论从哪个角度看上去，都呈饱满的球状。

01 将头发用32号电卷棒烫卷后梳顺，并涂抹适量柔亮胶，让头发顺滑、有光泽。

02 将烫好的所有头发扎成干净光滑的高马尾。

03 从马尾中抽取发片，将其理顺后向内打卷，然后用发卡固定，同时隐藏发卡。

04 继续取发片并向内打卷，然后利用之前打卷后头发剩余的发尾以连环卷手法继续打卷。固定时注意卷与卷之间的排列及层叠等关系。

05 如果新娘发量偏少，可将每片发片适当倒梳，以增加发量。然后将发片表面梳理光滑，将其打卷并固定。

06 固定发卷时要注意观察发包的弧度和饱满度，使其边缘呈漂亮的圆弧形。

07 发卷与发卷间可以相互交错，有大有小，不必拘泥于保持一致，这样打造出的发包才更具层次感。

08 为了让发包最终呈饱满的球状，可将剩余的发片以卷上卷的手法打卷并固定于底部的发卷上，这样能增加发包的立体感，使其更显饱满圆润。

09 打卷的同时可利用其发尾做一些发卷设计，让发包表面更具线条感。

10 直至将所有的发片打卷并固定。

11 完成后，用发蜡棒将碎发整理干净，使所有头发都呈现出光滑的质感。

12 最后边喷干胶固定边调整发包的弧度，使发型无论从哪个角度看上去，都呈饱满的球状。

发型演示二

造型手法：①倒梳；②拧包；③编辫子。

造型重点：①注意马尾的根部位于后区上方；②将头发倒梳时需保持其发量均匀，这样才能保证发包的饱满度和弧度。

01 将头发用32号电卷棒烫卷后梳顺，并扎成干净光滑的高马尾。

02 将马尾分为上下两部分，分发时注意上部分头发的发量稍多一点。

03 将上面的马尾分片，并层层均匀地倒梳，使其蓬松饱满。

04 将倒梳后的马尾表面梳理光滑，并拢在手中，然后将其拧包并固定，使其呈饱满的球状，然后将发尾固定于拧包的中心点位置。

05 将下部分的头发编辫子。

06 将编好的发辫适当抽松，避免过细。

07 将抽松后的发辫向上绕于发包周围，并用发卡将其固定，同时隐藏发卡。

08 最后边喷干胶固定边调整发包的弧度，使其饱满。要确保发包左右形状及位置对称。

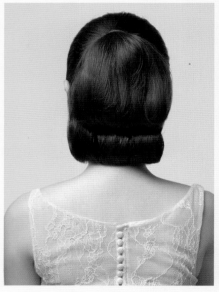

发型演示三

造型手法：卷筒。

造型重点：①所有发卷要保持光滑干净；②打卷时注意上下两个卷筒之间的大小和弧度，并适当调整。

01 将头发用32号电卷棒烫卷后梳顺，并涂抹适量柔亮胶，让头发顺滑、有光泽。

02 沿左右耳后位置开始横向分区，将头发分为上、下两个部分。

03 将上部分头发扎成干净光滑的马尾并固定，抽取发片并缠绕在马尾扎结处，以隐藏橡皮筋。

04 将下部分的头发梳顺，并用钢夹将其暂时固定。

05 将下部分头发均匀地分为左右两部分，然后分别向上进行打卷处理，处理完成后用发卡固定。

06 注意发卷表面需保持光滑干净，将打卷后的发尾隐藏在发卷内。固定发卷时需隐藏发卡。

07 向上打卷时，可将发片适当倒梳，以增加发量，然后再将发片表面梳理光滑后向上打卷。将左边的头发以同样的方式处理。

08 左右两边的头发都打卷之后，注意两个卷筒之间需要自然衔接。

09 将上部分的马尾梳理光滑，并拢在手中，然后将其向下以内卷方式进行打卷处理。处理时需让其与下部分发卷自然衔接，并用发卡将其固定。

10 用发蜡棒将碎发整理干净，使所有头发都呈现光滑的质感。最后去掉钢夹，并用发卡将发卷固定，固定时需隐藏发卡。

11 为发型搭配网眼纱和礼帽，让新娘更加优雅浪漫，极具法式风情。

8 复古经典发型

手推波纹可谓复古发型的经典元素，更是许多造型师和新娘所青睐的发型手法之一。手推波纹卷其实是"Finger Waves"直译过来的发型名称，顾名思义，它的操作手法实实在在地是借助于发型师的手"推理"而成。它早在20世纪二三十年代就风靡好莱坞，就连那时的大上海，手推波纹发型也红极一时，这在很多影视剧及老照片中都有所体现。不同的脸形搭配不同的波纹排列，或绾成发髻，或长发披肩，将经典的别样风情展现得淋漓尽致，且极具浪漫优雅的气息。

发型演示一

造型手法：手推波纹。

造型重点：①注意烫发的重要性，刘海区与侧区头发需竖向均匀地分取发片，边烫发边用钢夹固定，使发卷得到充分定型；②手推波纹技法的运用；③在整个过程中，要保持头发光洁，不可出现凌乱、有碎发的现象。

01 用28号电卷棒将头发烫卷，并且边烫卷边用钢夹固定发卷。烫发时注意刘海区与侧区的头发需竖向均匀地分取发片。

02 将烫好的头发梳顺。如果头发毛糙，可涂抹适量柔亮胶，使头发柔顺、有光泽。

03 将刘海区的头发三七分，然后先用钢夹夹住刘海区头发的发根，再用左手压住钢夹，右手拿着尖尾梳，并将刘海区的头发向后梳理。

04 用一个钢夹横向夹住向后梳的刘海区头发的根部，用另一个钢夹竖向夹住波纹的第一个弧度，并且同时用左手握住波纹的第一个弧度，然后用尖尾梳将头发展开梳顺。

05 用两个钢夹一个向前一个向后固定波纹的第二个弧度，固定点为左手大拇指压住的竖线位置。

06 用手压住钢夹，然后用尖尾梳向后进行推波动作，接着用钢夹一个向前一个向后进行固定，这样波纹的第三个弧度形成。

07 用同样的方法继续向下进行推波动作。

08 将左侧区的头发梳顺，用钢夹夹住耳后的头发，然后继续用尖尾梳梳顺头发，以便更好地整理出波纹的弧度，并将烫发现有的每个弧度处都分别用钢夹固定。

09 固定钢夹时，可并排固定，并用一个钢夹压住另一个钢夹，这样便于将头发固定成片，且不翘起。

10 将所有剩余的头发都按烫发本身的波纹弧度用钢夹固定，并保持发丝的干净光滑。

11 喷适量干胶将整理后的头发定型，待完全干透后，取下钢夹。

12 最后检查整个发型。如果有碎发，需用发蜡将碎发整理干净，保持头发光洁。

发型演示二

造型手法：①手推波纹；②卷筒。

造型重点：①手推波纹技法的运用；②将低马尾从上至下塞入发片的缝隙中，这样可以使发根更加挺立，让之后的发卷造型更加立体、饱满；③在整个造型过程中，要保持头发的光洁度，不可出现凌乱、有碎发的现象。

01 用28号电卷棒将头发烫卷后梳顺，然后将刘海区的头发分出一部分。

02 将分出的刘海区头发之外的所有头发梳顺，并扎成干净光滑的马尾。马尾位于脑后最低处。

03 先用钢夹夹住刘海区头发的发根，并用左手压住钢夹，右手拿着尖尾梳将刘海区的头发向后梳理，用钢夹将其固定，推出波纹的第一个弧度。然后用左手按住波纹的第一个弧度，同时用尖尾梳推出波纹的第二个弧度。

04 用两个钢夹一个向前一个向后地固定波纹的第二个弧度，固定点为左手大拇指压着的竖线位置。接着用手压住钢夹，用尖尾梳推出波纹的第三个弧度，并用钢夹一个向前一个向后地将其固定。

05 用左手的拇指与食指捏住固定好的波纹弧度，并将剩余的头发梳顺，然后继续向前推波，并用钢夹将其固定，使其形成波纹的第四个弧度。

06 用尖尾梳继续向后推波，然后用钢夹将其固定，形成波纹的第五个弧度。

07 将刘海区剩余的头发拧成发卷，并固定在脑后。将低马尾从上翻卷后往下塞入发片中间的缝隙中，这样可以使发根更加挺立，让之后的发卷造型更加立体、饱满。

08 从马尾中抽取发片，注意发量要适中，然后将其握于手中并梳顺，保证发片光洁。

09 利用卷筒手法，将发片打卷后固定在脑后，同时隐藏发卡。

10 继续抽取等量的发片，以同样的手法继续打卷，并紧挨着之前的发卷进行固定。固定时注意需将发尾藏于卷筒中。

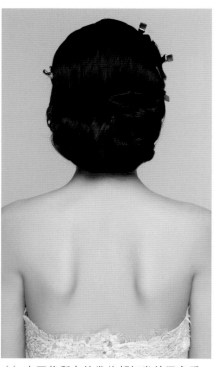

11 直至将所有的发片都打卷并固定后，喷适量干胶将其定型。

12 待干胶干透，确保完成定型后，取下钢夹，并调整波纹。头发翘起等未定型的地方，可用发卡再次进行固定，同时注意隐藏发卡。

发型演示三

造型手法：①手推波纹；②卷筒。

造型重点：①注意烫发的重要性，刘海区与侧区的头发需竖向均匀地分取发片，边烫发边用钢夹将其固定，使发卷得到充分的定型；②手推波纹技法的运用；③最后的卷筒需要与两侧的卷筒相衔接，并保证其饱满圆润，使卷筒垂于肩部之上；④在整个造型过程中，要保持头发光洁，不可出现凌乱、有碎发的现象。

01 用25号电卷棒将头发烫卷，并且边烫卷边用钢夹固定发卷。烫发时，注意刘海区与侧区的头发需竖向均匀地分取发片。

02 将烫好的头发梳顺。如果头发毛糙，可涂抹适量柔亮胶，使头发柔顺、有光泽。

03 将刘海区的头发三七分，用一个钢夹夹住刘海区头发的根部，用另两个钢夹一个向前一个向后地夹住波纹中部，然后开始进行手推波纹操作，波纹位于太阳穴处。

04 将波纹用钢夹固定好后，梳理左侧剩余的头发，以使其光滑柔顺。

05 将左侧剩余的头发向内打卷，并用发卡固定，使卷筒垂于肩部上方。

06 对右侧头发进行手推波纹操作。先用钢夹夹住刘海区头发的发根，并用左手压住钢夹，用右手拿着尖尾梳，推出右侧波纹的第一个弧度。

123

07 用左手捏住波纹的第一个弧度，并用尖尾梳将头发展开梳顺，然后将两个钢夹一个向前一个向后地固定波纹的第二个弧度，固定点为左手大拇指压住的竖线位置。

08 继续向下进行手推波纹操作。操作过程中需不断梳理右侧剩余的头发，保证发片光洁。

09 直至将波纹推至耳朵下方后结束，然后将右侧剩余的头发梳顺后进行打卷处理，并呈卷筒状固定。

10 将脑后剩余的头发梳顺，并用钢夹固定枕骨处的头发。然后将余下的头发以内扣的方式进行打卷，并呈卷筒状固定。

11 最后固定好的卷筒需与两侧的卷筒自然衔接，并保证其饱满圆润。

12 为发型喷适量干胶定型，待干胶干透，确保完成定型后，取下钢夹，并调整波纹。翘起等未定型的地方，可用发卡再次进行固定，同时注意隐藏发卡。

9 短发变换处理技巧

如今，清新俏皮的短发越来越受到广大女生的喜爱。留着一头短发的新娘们大可不必羡慕长发新娘，短发同样能展现出唯美感和性感。在给短发新娘做造型时，要学会充分利用短发的独特气质和新娘与众不同的个性来打造发型。结合使用电卷棒所打造出的不同卷度效果及对发尾的巧妙设计，可以展现新娘的另一种美，或清爽俏皮，或独特个性。

发型演示一

造型手法：①编辫子；②抽松；③8字卷。

造型重点：注意发辫的松散度，发辫与发辫之间需自然衔接，避免留白。

01 用大号28号电卷棒将头发烫卷后梳顺，然后将刘海区三七分，分界线需自然、不刻意。

02 将刘海区及两侧区的头发进行向外翻卷夹烫处理。

03 取刘海区右侧的头发，并使用三加一手法编发。编发时辫子不宜过紧，要保持松紧有度。

04 编至耳朵上方后，将发辫向后进行固定，同时隐藏发卡。

05 将刘海区左侧的头发同样使用三加一手法编发。编好后，适当抽松发辫。

06 沿着之前编好的辫子后方取同样发量的头发，并将其紧挨着编好的发辫同样使用三加一手法编发。编发时需保持发辫松紧有度，且与前面的发辫衔接自然，避免留白。

07 将编好的两条发辫发尾用拧绳手法拧在一起，并向耳后固定。

08 固定发辫时需隐藏发卡，并适当抽松发辫。

09 取枕骨处的发片编成三股辫，并适当抽松。

10 将编好的发辫以8字卷的形式固定于两侧的发辫固定处，并确保与左右发辫自然衔接。

11 将枕骨处其余的发片也编成发辫，同样以8字卷的形式固定于枕骨处，直至脑后发辫与左右两边刘海区的发辫完整衔接。

12 最后边喷发胶边抽松发辫，调整发型的饱满度，并确保发辫与发辫之间自然衔接。

发型演示二

造型手法：①编辫子；②抽松；③打卷。

造型重点：注意发辫的松散度，发区与发区之间要自然衔接。

01 用大号28号电卷棒将头发烫卷后梳顺，然后将头发分为刘海区、前区和后区3个区域。

02 将后区头发梳顺后，使用三加二手法编发，编至发尾后结束。

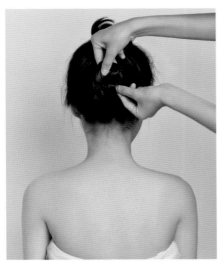

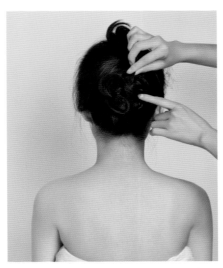

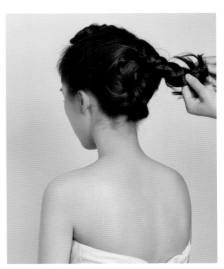

03 将编好的发辫向上绕圈，并用发卡固定于后区中部位置，同时隐藏发卡。

04 将发辫固定好后，适当抽松发辫与发尾，使其蓬松并呈花团状发卷。

05 将前区的头发编成三股辫，编至发尾后结束。

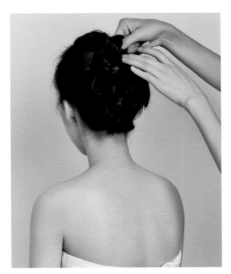

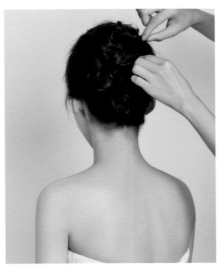

06 将编好的发辫同样向上绕圈，并用发卡固定于头顶处，同时隐藏发卡。

07 将发辫固定好后，同样适当抽松发辫与发尾，使其蓬松并呈花团状，确保发辫与后区的发卷自然衔接。

08 边喷发胶边抽松发丝，以调整发型的饱满度及纹理。

09 将刘海区的头发梳顺后握于手中，并将其全部使用三加二手法向一侧编发。

10 将编好的发辫适当抽松。

11 将抽松后的发辫打卷，并固定于一侧，同时隐藏发卡。

12 调整发卷，并适当抽松发丝，使其与脑后的发卷自然衔接。

13 边喷发胶边抽松发辫，调整整个发型的饱满度。

14 确保发区与发区之间自然衔接，使发型不管从哪个角度看上去都自然饱满，且精致完美。

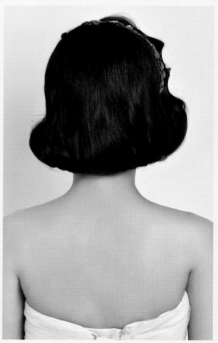

发型演示三

造型手法：手推波纹。

造型重点：①注意烫发的重要性，刘海区与侧区的头发需竖向均匀地分取发片，边烫发边用钢夹固定，使发卷得到充分的定型；②手推波纹技法的运用。

01 用中号25号电卷棒将头发烫卷后梳顺，然后将刘海区与右侧区的头发边烫卷边用钢夹进行固定。

02 将烫好的头发梳顺，如果头发毛糙，可涂抹适量柔亮胶使头发柔顺有光泽。将刘海区的头发握于手中，进行手推波技法操作，推波时需将波纹的第一个弧度遮盖住半边额头。

03 用钢夹前后叠加固定波纹第一个弧度的中部，再用一个钢夹横向夹住头发，以固定向上的波纹。接着用手压住钢夹，并用尖尾梳向后进行推波操作，然后再次用钢夹固定波纹。

04 用拇指与食指捏住波纹，将右侧剩余的头发梳顺，然后继续向前进行推波操作，并用钢夹将波纹固定。

05 将推波后剩余的发尾梳顺，并握于手中，然后以内扣的形式往内进行打卷处理，并藏好发尾。

06 用同样的方法继续将剩余头发的发尾藏起，同时用发卡固定。

07 打卷处理前注意一定要将发片梳顺，以保持其光洁自然。

08 用之前同样的方法继续将发片进行打卷处理，并藏好发尾。

09 将左侧区的头发梳顺，并用钢夹夹住耳后处的头发，然后将发尾以内扣形式固定。

10 将用手推波纹手法处理后的头发喷以适量发胶，固定造型，待发胶完全干透后，取下钢夹。

11 将另一侧的头发暂时用钢夹固定，保持发尾自然卷曲，且干净利落。

12 选择金色的欧式发箍，佩戴在波纹与后区的分界线处，并取下钢夹，完成。

10 刘海变换处理技巧

不是所有的新娘都适合露出光洁的额头，许多新娘因为自身的条件限制，如发际线过高或不整齐，脸形偏长，额头太宽、过于饱满等，都需要通过头发或发饰进行修饰。能够自然修饰额头的是不同形式的刘海造型——传统的发片刘海、复古的卷筒刘海、清新田园式的辫子刘海，以及松散的发丝刘海等。刘海的作用除了修饰额头和脸形之外，同时也赋予了新娘别样的风格、气质。刘海造型也是新娘造型中常用的手法之一。

发型演示一

造型手法：①卷筒；②拧包。

造型重点：①将刘海进行卷筒处理时注意调整其大小，卷筒过大会显得不美观，过小则易显脸大；②注意发卷与发卷之间需衔接自然，同时保持其圆润饱满；③发型需光滑干净，避免毛糙。

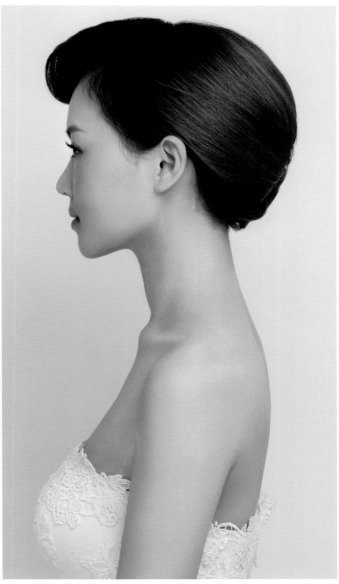

01 用大号32号电卷棒将头发烫卷后梳顺，然后将头发分为刘海区和后区两个区。

02 用钢夹横向固定住刘海区头发的根部，并将所有刘海向前进行打卷处理。处理完成后的头发需在发际线处呈现饱满的卷筒状，然后用发卡固定。

03 固定完成后，利用剩余的发尾继续打卷操作，处理完成后的发卷需与第一个发卷自然衔接。

04 将最后剩下的发尾同样打卷后固定在第二个发卷后面，同时可遮挡住刘海区与侧区的分界线。接着将后区顶部的头发进行拧包处理，并固定在枕骨下方，固定时确保发包圆润饱满。

05 取后区侧面的发片继续打卷，处理后的发卷需与之前的发卷自然衔接。

06 取后区左侧的部分头发握于手中，然后将其梳顺。

07 同样进行拧包处理后固定在枕骨下方，且靠近右侧的发卷。拧包时需覆盖住之前的发包，拧包后确保发包表面光滑圆润，且自然饱满。

08 将后区剩余的所有头发梳顺，将其向上卷起并固定。

09 将固定好的所有头发以连环卷的形式进行打卷处理，直至将后区头发全部固定成型。

10 观察发型的饱满度，并适当进行调整。

11 最后喷发胶，将发型固定成型。

发型演示二

造型手法：①倒梳；②拧包；③拧绳；④卷筒。

造型重点：饱满的发包是整个发型的重点所在，当新娘发量过少时，每一步拧包操作前先将发片进行层层倒梳，然后进行拧包处理并固定在枕骨处，这样即可保证发包圆润。

01 用大号32号电卷棒将头发烫卷，随后用气囊梳将头发梳顺。

02 将顶区的头发分片后，横向层层均匀地倒梳。

03 将倒梳后的头发表面梳理干净，并拧成发包，然后固定在枕骨处。

04 取左侧区靠近拧包的部分发片，同样进行拧包处理，然后固定在枕骨处。

05 将左侧区剩余的头发适当倒梳，使其蓬松饱满。

06 将倒梳后的发片表面梳理干净，同样进行拧包处理，然后固定在枕骨处。

07 将右侧区的头发进行两股拧绳操作。拧绳时从耳后开始，留出较短的刘海。

08 将拧成的发辫适当抽松，然后同样固定在枕骨处。

09 将剩余的所有头发梳顺，并向上进行打卷处理。

10 打卷后的头发需尽量包裹住枕骨处的发结。

11 利用剩下的发尾在卷筒表面做花样设计，使发包显得自然而生动。

发型演示三

造型手法：拧绳。

造型重点：①饱满的发卷是整个发型的重点所在，每次两股拧绳处理后都应抽松头发表面，以增加头发的蓬松感，同时让发型看起来更鲜活、自然；②固定发包时，要随时注意观察发包的饱满度，并及时做出调整。

01 用中号25号电卷棒将头发烫卷，随后用气囊梳将头发梳顺。

02 取顶区下方的头发，并进行两股拧绳操作处理，然后将拧成的发辫适当抽松。

03 将抽松后的头发缩成一个小发卷，并将其固定在顶区下方。

04 取发卷周围的头发，同样进行两股拧绳操作处理。将拧成的发辫适当抽松后缩成同样形式的发卷，并固定在顶区下方。

05 分片取已固定的发卷周围的头发，然后进行两股拧绳操作处理。

06 将拧成的发辫适当抽松后打卷，并固定在之前固定的发卷的周围。

07 将下方的头发也以同样的方式处理，此时已经形成一个圆润饱满的发包状。

08 将右侧的头发继续以同样的方式处理，固定时需随时注意观察发型的形状，确保其圆润饱满。

09 将刘海区的头发同样进行两股拧绳处理。拧绳时注意松紧适宜，同时将拧成的发辫适当遮挡住发际线。

10 将拧绳处理后的刘海发尾也打卷，并挨着固定的发卷进行固定，并使发卷与发卷之间自然衔接。

11 边喷发胶边调整发型的饱满度，使整个发型从每个角度看上去都自然饱满而圆润。

03

创意造型篇

创意鲜花 造型

创意鲜花造型极易让新娘显得仙气十足。鲜活的花卉在新娘头上散发出勃勃生机，或美艳，或洁白，这也为新娘增添了些许灵动。创意十足的鲜花造型，不同花卉组合搭配，再加上运用大胆的明快妆色，使整个造型更加富有张力，也让画面显得更加炫彩夺目。

2

创意头饰造型

创意头饰造型是以头饰为主的造型创作。柔美的绢花，梦幻的网纱，富有张力的枝丫，灵动的纸蝴蝶，这些都是创意头饰的素材。单种素材的大胆运用及多种素材的叠加使用，都会让造型呈现出意想不到的画面效果，也会使新娘韵味独特，且表现力十足。

3

创意妆面 **造型**

创意妆面造型不同于传统唯美气质的新娘妆容造型，它更加富有个性和韵味。创意妆面造型并非面面俱到的完整妆容造型，而是以局部突出为重点的风格妆容造型。它不一定追求过分夸张，但需具有独特的风格，通过天马行空的表现形式来突显造型的风格特色。

4

创意油画造型

     意油画造型散发着浓浓的复古气息，悠久长远而又耐人寻味。大上海20世纪
三十年代的手推波纹、欧洲复古头纱造型等，再搭配中灰暖调的油画质感的
景，赋予了创意油画造型朴素、和谐及优雅的气息。

04

发饰制作篇

1 灵动羽毛头饰

洁白的羽毛，轻盈灵动，随着发丝在空气中飞舞，为柔美的新娘增添了几分仙气。

使用工具及材料：羽毛（两种或两种以上均可）、胶枪、修眉剪、珍珠（大小不同最佳）。

使用工具及材料

完成图

01

02

01 将大小不同的羽毛三五根并为一簇，并使羽毛的大小长短保持错落有致。

02 用胶枪将并为一簇的羽毛粘贴并固定。

03 用同样的方法继续制作出一簇羽毛，并将做好的两簇羽毛用胶枪再次粘贴在一起，使粘贴好后的羽毛呈扇状打开。

04 选取几根流苏状的羽毛来填补扇形羽毛的空缺。

05 将珍珠用胶枪粘贴在羽毛的根部，以遮挡羽毛根部粗糙及瑕疵的部位，让饰品更显精致。

06 将小撮流苏羽毛用珍珠固定后再粘贴在扇形羽毛上，这样有利于增加羽毛间的空隙，使其高低错落，显得更加别致。

07 将大小不同的珍珠固定在扇形羽毛的底部，遮挡羽毛根部瑕疵的同时，加强羽毛饰品的层次感，并起到画龙点睛的作用。

08 查看饰品形状及粘贴处的牢固度，并做出适当修改与调整。如果饰品羽毛有缺少处，可继续选用适量羽毛和珍珠加以修饰，但需保持羽毛的轻盈感，切忌过于厚重。

171

2 复古蕾丝贴花头饰

在欧美复古造型中，蕾丝贴花的运用极其普遍。如安妮·海瑟薇的婚礼造型，就是用大片蕾丝包裹半个头部，极具复古韵味。被誉为性感代名词的蕾丝，运用得当则可为新娘增添浪漫风情。

使用工具及材料：蕾丝贴片、网纱、珍珠、水钻、胶枪、修眉剪、针线。

使用工具及材料

完成图

01 将剪好的蕾丝贴片用胶枪粘贴在作为基底的网纱上。

02 根据想要的形状依次固定蕾丝贴片。

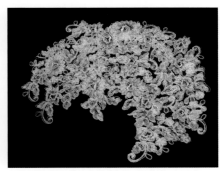

03 将固定好蕾丝贴片的网纱基底用修眉剪剪掉。

04 将蕾丝贴片放置在蕾丝网纱上，贴片的边缘超出网纱，这样有利于在饰品包裹头部时在面部呈现出具有层次的蕾丝花纹。

05 用胶枪将蕾丝贴片和蕾丝网纱固定在一起。

06 将翘起的蕾丝边缘用针线仔细缝合并固定。

07 在蕾丝贴片上缀以水钻，然后用针线缝合并固定。

08 将珍珠零星地缝在蕾丝贴片上，并保持其错落有致。

09 固定水钻和珍珠时要保持其疏密有度，这样可让饰品更具层次感。

3 唯美绢花头饰

绢花也是新娘们普遍喜爱的头饰，它除了质地与婚纱十分协调外，其轻盈的质感和花样的外形，也让新娘更显柔美与梦幻。

使用工具及材料：欧根纱、卡纸、剪刀、胶枪、电烙笔、烫花器、海绵垫、针线。

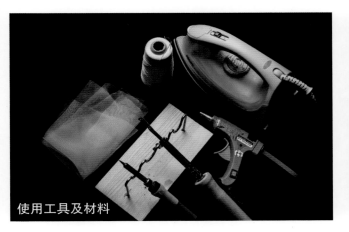

使用工具及材料

完成图

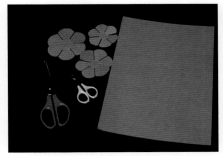

01 用卡纸制作出花瓣模型。剪出大小不同的3个模型，以使后续烫出的花瓣大小不一，且层次分明。

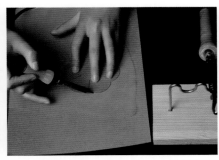

02 将卡纸模型压在欧根纱上，用电烙笔沿卡纸边缘和缝隙划过欧根纱，花瓣即可从纱中分离出来。

03 将裁出的花瓣放在海绵垫上，并用烫花器按压花瓣边缘，高温可使花瓣边缘向内卷翘，使花瓣成型。

04 烫出10张大小不同的花瓣，且花瓣的卷翘度不必一致，随意一些会使绢花更显生动。

05 将大小不同的两张花瓣按上大下小的顺序进行叠放，叠放时保持花瓣与花瓣之间错落有致。

06 用胶枪将叠放好的花瓣固定成型。

07 在之前固定好的花瓣上继续叠放花瓣，同样保持错落有致。

08 将作为花心的花瓣用胶枪固定在叠放在之前做好的花瓣上，最后用针线对绢花整体进行缝制和固定。缝制时注意隐藏线头。

09 制作三四个不同大小的绢花，并堆放使用，使造型更加丰富且具有层次感。

179

4 夸张网纱头饰

弹力网纱头饰层次感丰富，轻盈的纱质结合流畅的线条，既柔美梦幻又彰显个性，再加上它夸张的形状，让新娘更具造型感，且时尚气息更加浓厚。

使用工具及材料：弹力网、网眼纱、针线、剪刀、胶枪。

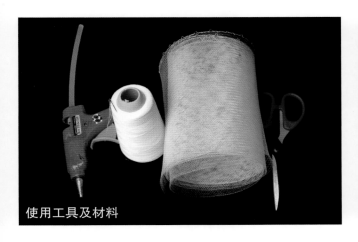

使用工具及材料

完成图

01

02

01 将弹力网纱的一端向中间折叠。

02 将重叠部分捏成蝴蝶结状。

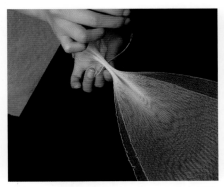

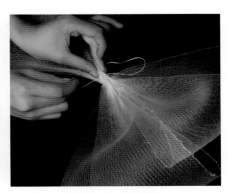

03 用针线固定褶皱处，将另一端也用同样的方法完成固定。

04 继续制作一个大小不同的网纱瓣。

05 将两个网纱瓣错落地叠加摆放，并用针线将其固定成型。

06 继续缝制网纱瓣，可根据想要的层次感来缝制。

07 将网眼纱随意抓皱成型，并用针线或胶枪将其固定。

08 将网纱瓣和网眼纱用针线固定在一起，保持大小不同，且错落有致。

183

5 欧美晶莹水钻发带

发带也是新娘造型中常用头饰之一，传统的缎带或水晶发带线条感强，或显可爱，或显大气。而用蕾丝贴片制作的发带，线条感更加丰富，且更显性感妩媚，让造型更显女人味。

使用工具及材料：蕾丝贴片、修眉剪、针线、水钻。

使用工具及材料

完成图

01 将选取的蕾丝贴片剪开,并重新构思其形状和样式。

02 按照自己的设计思路对蕾丝贴片进行组合缝制。

03

04

05

03 除了按照样式缝合之外,可以在其上叠加蕾丝贴片,让原本平面的蕾丝贴花更加立体、有层次,此时的蕾丝发带已基本成型。然后检查发带,减去多余的部分,并增添新的部分,让发带更显精致。

04 在缝制好的发带上缀以水钻,并用针线缝制固定,固定时需保持水钻错落有致。

05 观察蕾丝贴花,然后将有花状的地方用水钻叠放后再次缝制成花状,并在叶片上也点缀水钻,完成。

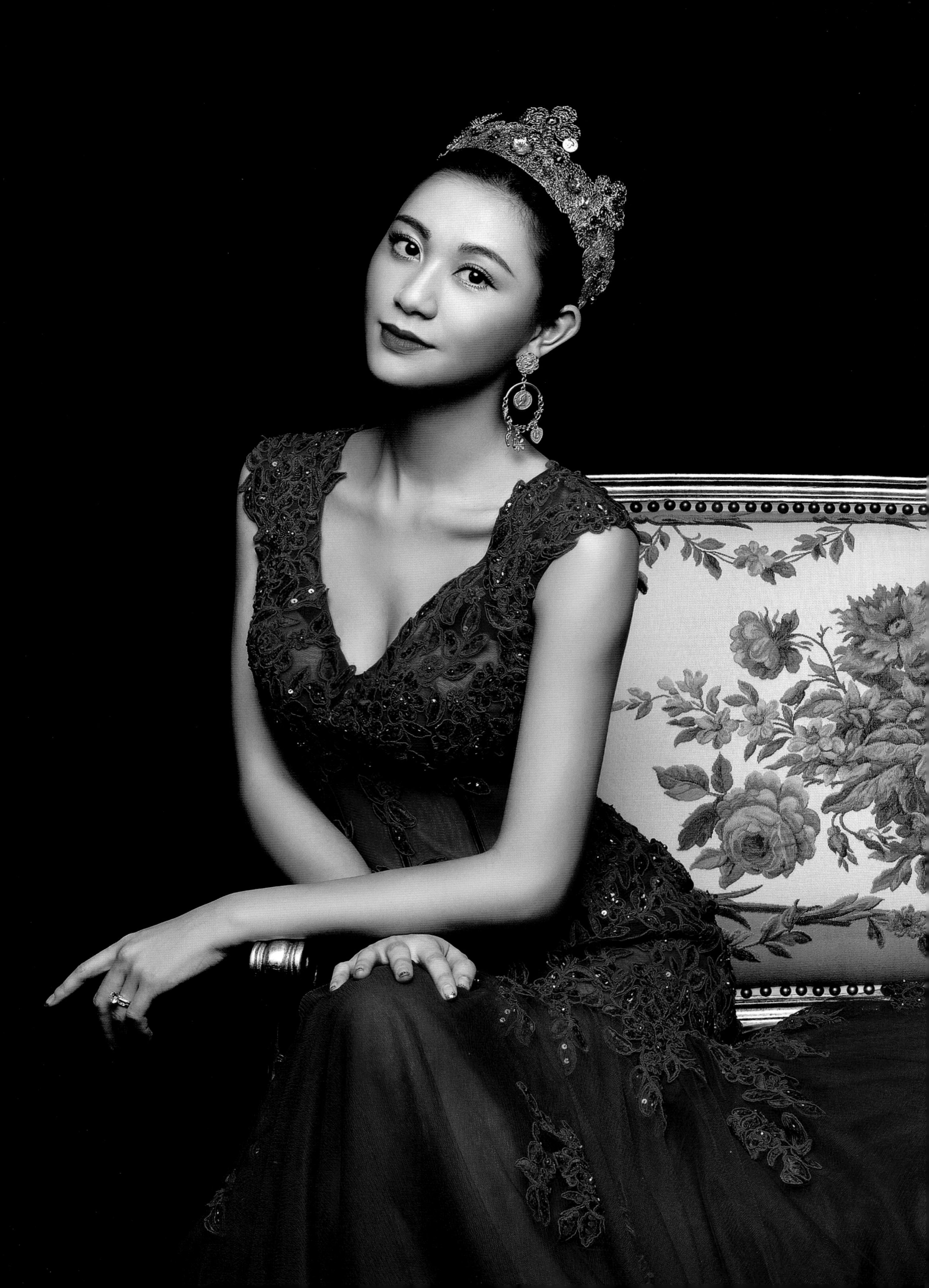